Dickson Sinyangwe
Arthertone Jere
Malawo Mweemba

Formulação de alimentos para animais

Dickson Sinyangwe
Arthertone Jere
Malawo Mweemba

Formulação de alimentos para animais

Substituição parcial de ervilhas verdes (Pisum Sativum) por farinha de peixe em dietas de Oreochromis andersonii (Tilápia)

ScienciaScripts

Imprint

Cover image: www.ingimage.com

This book is a translation from the original published under ISBN 978-620-7-46572-9.

Publisher:
Sciencia Scripts
is a trademark of
Dodo Books Indian Ocean Ltd. and OmniScriptum S.R.L publishing group

120 High Road, East Finchley, London, N2 9ED, United Kingdom
Str. Armeneasca 28/1, office 1, Chisinau MD-2012, Republic of Moldova, Europe
Printed at: see last page
ISBN: 978-620-7-27763-6

SUBSTITUIÇÃO PARCIAL DA FARINHA DE PEIXE POR FARINHA DE ERVILHAS VERDES (*PISUM SATIVUM*) NA DIETA DE JUVENIS DE TILÁPIA (*OREOCHROMIS ANDERSONII*).

BY

DICKSON SINYANGWE

RECONHECIMENTO

Em primeiro lugar, gostaria de reconhecer a graça e o amor sempre suficientes do Deus Altíssimo, o meu Pai Celestial. Ele segurou a minha mão durante toda a minha vida e durante todo o processo desta experiência, pelo que lhe dou toda a glória por me ter trazido até aqui (Apocalipse 4:11). Em segundo lugar, gostaria de agradecer aos professores da Universidade Kapasa Makasa pelo imenso conhecimento, sabedoria e motivação que me transmitiram. Estou especialmente grato e em dívida para com o meu supervisor Rd. Arthertone Jere por ter sido tão paciente, compreensivo, crítico construtivo e amável comigo ao longo do meu programa de investigação e, na verdade, ao longo dos meus quatro anos de permanência nesta instituição. Em terceiro lugar, estou sinceramente grato aos meus familiares e amigos pelo seu amor, apoio emocional, financeiro e espiritual, encorajamento e assistência especial durante o meu programa de investigação, nas suas capacidades individuais, e rezo para que Deus Todo-Poderoso vos abençoe abundantemente (Números 6:24-26).

DEDICAÇÃO

Dedico este trabalho a Humphrey Sinyangwe (falecido) e Theresah Mubanga Sinyangwe (falecida), meu pai e minha mãe, respetivamente, cujo desejo sincero e orações foram sempre para que eu tivesse sucesso em todos os sectores da minha vida. Com ênfase nos meus sectores espiritual e académico.

ÍNDICE DE CONTEÚDOS

ABREVIATURAS E ACRÓNIMOS

ANOVA	-	Analysis of Variance
GP	-	Green Peas
CM	-	Cassava meal
DO	-	Dissolved Oxygen
SBM	-	Soybean Meal
FAO	-	Food Agriculture Organization
FM	-	Fish meal
FW	-	Final weight
FSL	-	Final standard length
IW	-	Initial weight
ISL	-	Initial standard length
CM	-	Corn meal
WG	-	Weight gain
SGR	-	Specific growth rate
MWG	-	Mean weight gain
FCR	-	Feed Conversion Ratio

RESUMO

Um ensaio alimentar de 6 semanas foi realizado para investigar o efeito da ervilha verde Pisum sativum, uma fonte de proteína alternativa à farinha de peixe, no desempenho do crescimento e na taxa de conversão alimentar da tilápia Oreochromis andersonii. A experiência foi realizada na Universidade de Kapasa Makasa, onde 12 hapas (70 x 70 x 70 cm de profundidade) foram instalados em quatro (4) tanques de betão de 2 x 1,2x 1m num desenho completamente aleatório. Todos os tratamentos foram replicados três vezes. Um total de 120 juvenis de O. andersonii (15-20 g de peso total e 7,5-10 cm de comprimento padrão total) foram distribuídos aleatoriamente por quatro dietas experimentais a uma densidade de 10 juvenis por hapa (70 x 70 x 70 cm de profundidade), que foram utilizadas durante 6 semanas para armazenar O. andersonii. Foram preparadas quatro dietas experimentais com níveis crescentes de substituição de ervilhas verdes por farinha de peixe: 0% de ervilhas verdes no tratamento de controlo, 20% de ervilhas verdes no tratamento 2, 25% de ervilhas verdes no tratamento 3 e 28% de ervilhas verdes no tratamento 4, contendo 38% de proteínas brutas. Os ganhos de peso, as taxas de crescimento específico, o rácio de conversão alimentar e o comprimento do corpo dos juvenis alimentados com dietas com 0% de ervilhas verdes foram significativamente mais elevados do que os juvenis alimentados com dietas com níveis de 20%, 25% e 28% de ervilhas verdes. Não foram encontradas diferenças significativas ($p > 0,05$) nos ganhos de peso, taxa de crescimento específico, rácio de conversão alimentar e comprimento entre os diferentes tratamentos. Parece que as ervilhas verdes podem substituir a farinha de peixe ao nível de 20% e 25% em dietas para O. andersonii sem efeitos adversos no crescimento, taxa de conversão alimentar e isto pode também contribuir para reduzir o custo da alimentação para sustentar a aquacultura na Zâmbia.

Palavras-chave: Aquacultura; Farinha de peixe; Ervilhas verdes; Desempenho de crescimento; Juvenis; Tilápia

1.0 INTRODUÇÃO

A aquacultura é o processo controlado de cultivo de organismos aquáticos, especialmente para consumo humano. Uma estratégia comum para ajudar os pequenos agricultores a aumentar a sua segurança económica, alimentar e nutricional é a aquacultura (Edwards 2000). A produção aquícola destina-se maioritariamente ao consumo humano e, em 2008, 45,7% do peixe mundial foi destinado ao consumo humano (FAO, 2010). Estima-se que cerca de 750 t de peixe cultivado tenham sido produzidas na década de 1980, com 86 t (11,5%) produzidas por pequenos piscicultores rurais, 94 t (12,5%) por estações de piscicultura do governo e 570 t (76%) por agricultores privados de grande escala (Mudenda 2009). Em 2014, a aquacultura na Zâmbia atingiu uma produção total de 20.000 t, com o sector comercial - especificamente, unidades de criação intensiva em tanques e cultura em gaiolas - a produzir três quartos desse montante. Na Comunidade de Desenvolvimento da África do Sul (SADC), a Zâmbia produz a maior parte da tilápia, e algumas das maiores explorações comerciais de água doce em África estão localizadas lá (FAO 2016).

No entanto, pensa-se que os agricultores podem gerir os seus sistemas de forma sustentável para obterem rendimentos mais elevados, se se dedicarem à aquacultura como uma empresa (Edwards 2000). Os elevados custos das rações para aquacultura proibiram as operações de muitas intervenções governamentais e privadas que geriam explorações piscícolas (Jatta 2022). O custo das rações é o principal problema que a indústria da aquacultura enfrenta atualmente. A alimentação é a maior despesa na piscicultura semi-intensiva e intensiva e o custo da alimentação representa cerca de 30-70% do custo operacional total de uma exploração piscícola (El-Sayed, 2004). O aumento do custo dos ingredientes da alimentação dos peixes (grãos, farinha de peixe, bolos de óleo, etc.) tem levado os cientistas de todo o mundo a procurar substitutos mais baratos e abundantes. A farinha de peixe, embora altamente nutritiva e palatável, é um ingrediente relativamente caro quando comparada com outros ingredientes ricos em proteínas de baixo custo, como a farinha de soja, pupas de bicho-da-seda, minhocas, etc., que estão a ser utilizados como fontes de proteínas para alimentar os camarões (Davis et al., 2005). A única forma de reduzir este custo é substituir a farinha de peixe, parcial ou totalmente, por proteínas animais ou vegetais menos dispendiosas.

A procura crescente de farinha de peixe para actividades de aquacultura de alto nível e o preço elevado nos mercados levam os especialistas em aquacultura a utilizar fontes alternativas de proteínas em comparação com a farinha de peixe (Peres e Oliva-Teles, 2005, Ahmad *et al* 2020). Entre as fontes alternativas de proteína vegetal, a farinha de ervilhas verdes é uma fonte essencial de proteína para substituir com sucesso a farinha de peixe para muitas espécies, porque são altamente digeríveis em espécies aquáticas, os produtos proteicos de ervilha contêm baixo inibidor de tripsina em comparação com a soja e têm baixos níveis de factores anti-nutricionais em comparação com outras culturas de leguminosas (Collings 2014). As ervilhas verdes contêm fibras, proteínas, amido e alguns componentes fitoquímicos (Sharma 2021). As ervilhas são benéficas para os peixes por muitas razões, mas uma das principais razões é devido ao seu elevado teor de fibras. Isto ajuda a facilitar a defecação no caso de os peixes terem problemas digestivos. Por exemplo, os peixes que sofrem de obstipação podem apresentar sintomas como stress, perda de apetite e inchaço. Consequentemente, não se encontram num bom estado mental ou físico em geral. Ao adicionar ervilhas à ração, estas funcionarão como um laxante natural, ajudando a aliviar a obstipação e a eliminar mais facilmente qualquer excesso de resíduos. As ervilhas verdes são uma fonte rica de proteínas, conhecidas pelo seu teor de proteína bruta de 23-25%, teor de lisina e 14,3 kJ/g de energia digerível, o que é crucial para os peixes manterem um crescimento e desenvolvimento saudáveis. Além disso, as ervilhas contêm outras vitaminas e minerais importantes que ajudam a reforçar o seu sistema imunitário e a apoiar a saúde em geral. Verificou-se que o rendimento das ervilhas verdes é o mais elevado nas pequenas explorações de todas as dimensões estudadas (chahal e kataria, 2006), são simples de manusear, armazenar e são bem transformadas em alimentos compostos.

No entanto, devido ao aumento do custo e da procura de farinha de peixe, bem como ao seu maior potencial de contaminação do ambiente, é preferível substituir fontes de proteína vegetal menos dispendiosas, a fim de melhorar a sustentabilidade das aquaculturas, reduzindo a dependência da farinha de peixe (Martinez Llorens et al 2009). De acordo com Haddad (2000), um aumento da produção agrícola, animal ou piscícola pode geralmente resultar em preços mais estáveis para estes produtos, tornando-os mais acessíveis e disponíveis para aqueles que não estão diretamente envolvidos na produção (Toufique e Belton 2014). De acordo com Beveridge et al. (2013), a melhoria da segurança alimentar e nutricional dos agregados familiares de consumidores com poucos recursos é uma função da disponibilidade de peixe, do acesso e da acomodação das preferências de peixe, todos factores significativos que devem ser tidos em conta na produção e venda de produtos de peixe de viveiro. Sendo um peixe de baixo valor, a produção de baixo custo de tilápia domina, com métodos básicos de cultura sendo mais eficazes (El-Sayed 2006; Celik 2012; El-Sayed 2013). Isto tem potencial, especialmente para as nações em desenvolvimento, onde pode aumentar significativamente a renda das famílias de baixa renda, criando empregos e garantindo a sua segurança alimentar (Edwards 2000; Musuka e Musonda 2013).

De acordo com Kefi (2013) *Oreochromis andersonii* é uma espécie indígena ideal para a piscicultura na Zâmbia, Botswana e Namíbia e está bem estabelecida nos mercados locais. Plantas aquáticas, fitoplâncton, pequenos invertebrados, animais bentónicos, perifíton, detritos e várias películas bacterianas estão entre os muitos alimentos variados que a tilápia consome (FAO, 2014). *Oreochromis andersonii* é economicamente mais viável e mais adequado para culturas semi-intensivas e sistemas agrícolas integrados do que outras espécies indígenas na Zâmbia (Cayron-Thomas, 2010). *Oreochromis andersonii* produziu mais alevins, embora com uma taxa de sobrevivência mais baixa (<54%); começou a reproduzir-se mais cedo e a temperaturas mais baixas; teve uma época de reprodução mais longa; foi também mais fácil de manusear e menos evasivo do que *Oreochromis niloticus* (Cayron-Thomas, 2010). Também relataram que a baixa temperatura da água (abaixo de 20°C) teve um efeito negativo considerável no crescimento de *Oreochromis niloticus*, enquanto um efeito menor em *Oreochromis andersonii*. No entanto, a maioria das culturas de *Oreochromis andersonii* encontra-se em pequenas explorações que utilizam muitas espécies de tilápia em policulturas (Cayron-Thomas, 2010).

Com o crescimento contínuo da produção de tilápia, a necessidade de dietas adequadas adaptadas usando ingredientes locais que são produzidos em cada país tornou-se uma necessidade. A substituição da farinha de peixe por alimentos vegetais disponíveis localmente e mais baratos é comprovadamente essencial para o desenvolvimento futuro do sector da aquacultura (Tacon et al., 2006). As ervilhas são há muito conhecidas como uma fonte de baixo custo e facilmente acessível de proteínas, hidratos de carbono complexos, vitaminas e minerais (Dahl 2012). As ervilhas são um produto alimentar importante devido à sua elevada densidade de nutrientes, o que as torna capazes de satisfazer as necessidades alimentares dos cerca de 800-900 milhões de pessoas subnutridas em todo o mundo (Dahl 2012). Dada a importância da produção de peixes de água quente em muitos países, e o facto de que muitos são omnívoros, há muito espaço para a farinha de sementes de ervilha e subprodutos associados do processamento de ervilha para ser usado em alimentos aquáticos para tilápia, bagre e carpa (Gouveia et al 2010). Portanto, este estudo foi focado para trabalhar a substituição parcial de farinha de peixe com ervilhas verdes em dietas de *Oreochromis andersonii* sobre o desempenho de crescimento e taxa de conversão alimentar.

Os objectivos deste ensaio foram: determinar os efeitos da farinha de ervilhas verdes (*Pisum sativum*) no desempenho do crescimento de juvenis de *Oreochromis andersonii*; e avaliar o nível ótimo de inclusão da farinha de ervilhas verdes em juvenis de *O. andersoni*. A hipótese desta investigação foi a de que a inclusão de farinha de ervilhas verdes aumenta o desempenho do crescimento de juvenis de O. *andersoni*, o rácio de conversão alimentar e o rendimento ao nível ótimo de inclusão de farinha de ervilhas verdes na dieta de juvenis de *O. andersoni*.

2.0 MATERIAIS E MÉTODOS

O estudo foi realizado na Universidade Kapasa Makasa no Distrito de Chinsali da Província de Muchinga, que se situa na bacia hidrográfica entre o Rio Chambeshi na bacia do Congo e o Rio Luangwa na bacia do Zambeze. A metade nordeste do distrito é relativamente planáltica, especialmente ao longo do rio Chambeshi, com uma elevação de 1.200 a 1.300 metros. A principal fonte de subsistência da população de Chinsali é a agricultura e o distrito tem solos ricos para o cultivo de culturas como o milho, mandioca, sorgo, batata-doce, feijão, cana-de-açúcar e painço. Mais de 90% dos agricultores da zona são de pequena escala, o que representa uma oportunidade única para os investidores investirem na agricultura comercial (Smart Zambia Institute, 2018). Chinsali situa-se na zona agro-ecológica III, que regista uma precipitação média anual superior a 1000 mm. A Região III tem a mais longa estação de cultivo alimentada pela chuva de 140-200 dias, juntamente com a temperatura média de 20,7°C. Como resultado da alta precipitação recebida na região e da fonte de subsistência do povo de Chinsali, as ervilhas verdes (*Pisum sativum*) podem ser facilmente produzidas em Chinsali (ver **Figura 1**). Os quatro tratamentos foram aplicados a Oreochromis andersonii e a área de estudo foi aberta para facilitar 6-12 horas de luz solar por dia.

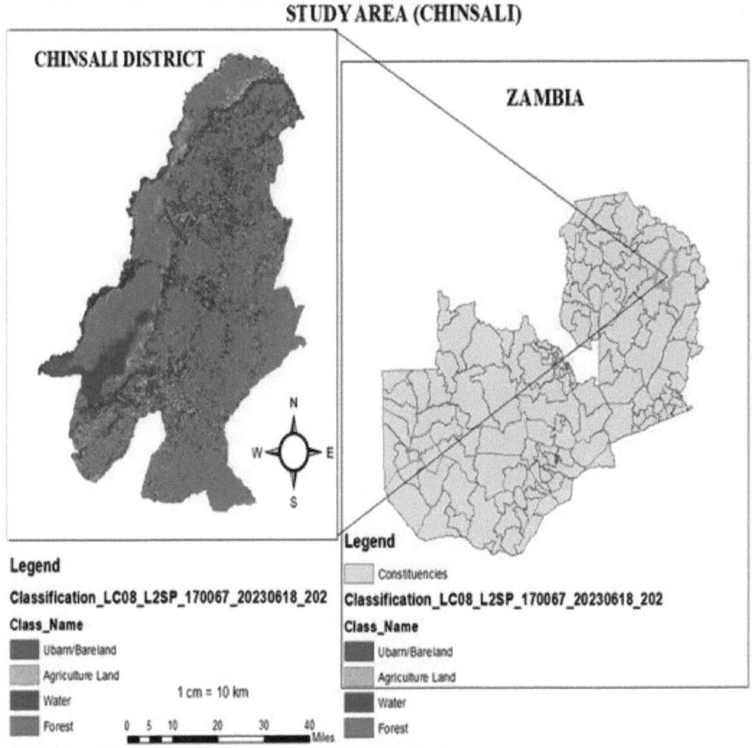

Figura 1: O mapa da Universidade Kapasa Makasa mostrando a área de estudo para a experiência

2.1 Preparação das dietas experimentais

A farinha de ervilhas verdes foi preparada comprando no mercado de Chinsali, fervida para reduzir os altos níveis de ANFs e foi seca ao sol, moída e depois misturada com farinha de peixe, farinha de soja, óleo de soja, girassol, farinha de milho, farinha de mandioca, vitamina ou pré-mistura mineral, fosfato dicálcico ($CaHPO4$), lisina HCL, DL e metionina para fazer uma ração completa com taxas de inclusão de 20%, 25% e 28%, respetivamente, e armazenada num saco de polietileno hermético até ser necessária.

Figura 2: Ervilhas verdes (*Pisum Sativum*)

Foram criadas quatro dietas práticas utilizando ingredientes facilmente disponíveis na área, com o mesmo nível de proteína bruta (38%) e diferentes quantidades de ervilhas verdes (0%, 20%, 25% e 28%). A composição química aproximada de cada ingrediente foi determinada através da análise das substâncias antes de as dietas serem formuladas (ver **Quadro 1**). Com base nas composições químicas das suas partes constituintes, a Dieta 1, Dieta 2, Dieta 3 e Dieta 4 e as suas composições proximais são apresentadas na **Tabela 2**. Dieta 1 (conhecida como a dieta de controlo), Dieta 2 (conhecida como a dieta de ensaio 2), Dieta 3 (conhecida como a dieta de ensaio 3) e Dieta 4 (conhecida como a dieta 4). Os ingredientes de ambas as dietas foram triturados separadamente com um moinho de martelos e peneirados com uma peneira de 1 mm de malha para obter um pó fino. Durante a preparação da dieta, foi utilizada uma balança de cozinha com uma precisão de 0,1 g para pesar os ingredientes. As dietas com 38% de proteína bruta foram formuladas utilizando o software win feed para calcular o peso necessário (em gramas) dos seguintes ingredientes: farinha de peixe, farinha de bagaço de soja, óleo de soja, girassol, farinha de milho, farinha de mandioca, pré-mistura vitamínica ou mineral, fosfato dicálcico ($CaHPO4$), lisina HCL, DL metionina adquirida num mercado local em Chinsali. Os ingredientes pesados de cada dieta foram colocados num balde e misturados à mão. Quando os ingredientes estavam bem misturados, adicionou-se óleo, consoante a dieta, e misturou-se mais. Em seguida, foi adicionada água da torneira equivalente a 30% do peso de cada dieta e misturada até se obter uma massa húmida. A massa foi então transformada em filamentos semelhantes a esparguete, utilizando uma máquina de pellets de exclusão. As rações foram então secas durante uma hora numa máquina de secagem, seguida de um período de secagem ao sol de 2 dias para garantir uma secagem adequada. Os alimentos foram triturados separadamente em pó com um moinho de martelos e peneirados com um crivo de 1 mm de malhagem para remover o pó fino. Os alimentos, sob a forma de migalhas, foram conservados em recipientes herméticos à temperatura ambiente. Em diferentes momentos, as quantidades necessárias de cada dieta foram periodicamente retiradas para alimentação durante o ensaio.

Figura 3: Dietas experimentais

Quadro 1: Análise nutricional dos ingredientes utilizados nas dietas experimentais

Ingredientes	DM %	Proteína%	Hidratos de carbono%	Gordura%	Fibra %	Cinzas %
Ervilhas verdes	80	24	52	2	10	3
Farinha de peixe	92	60	5	0.5	0.5	15.6

Bolo de soja	91	44	5	6.8	6.8	9
Girassol	89	29	50	9	9	3
Farinha de milho	87	7.5	77	2.5	2.5	1.5
Farinha de mandioca	87	1.5	87	1.5	1.5	0.7
Óleo de soja	99.93	0	0	0.4	0	0
DCP	99	0	0	99.82	0	99
Pré-mistura de	99	0	0	0	0	97

vitaminas						
DL-Metionina	89	0	0	0	0	4.5
Lisina HCL	99	0	0	0	0	4.5

Tabela 2: Formulação e Composição Proximal das dietas experimentais (matéria seca%).

Ingredientes	**T1 (GP0%)**	**T2 (GP20%)**	**T3 (GP25%)**	**T4 (GP28%)**
Ervilhas verdes	0	20	25	28
Farinha de peixe	36.37	30	25	20
Bolo de soja	29.44	12.4	23.52	40.64
Bolo de girassol	16.96	4.96	9.15	4.82
Farinha de milho	4.1	3.58	0	0
Farinha de mandioca	0.13	2.58	0	0

Óleo de soja	11.0	24.48	15.33	4.54
Pré-mistura de vitaminas e minerais	0.5	0.5	0.5	0.5
DCP	0.5	0.5	0.5	0.5
Lisina HCL	0.5	0.5	0.5	0.5
DL-Metionina	0.5	0.5	0.5	0.5
Total	100	100	100	100
COMPOSIÇÃO PROXIMAL (%) DAS DIETAS EXPERIMENTAIS (EM BASE DM)				
Matéria seca%	91.95	90.2	74.8	71.74
Proteína %	43.5	39.91	45.46	52.97
Carbohidratos %	16.31	22.17	26.74	27.88
Gordura %	21.79	22.98	30.23	20.77
Fibra %	4.15	4.64	6.75	8.5
% de cinzas	10.79	9.89	10.78	12.25

2.2 Peixes experimentais

Os piscicultores da aldeia de Mulakupikwa forneceram os juvenis de Oreochromis andersonii (15-20g de peso total e 7,5-8,5cm de comprimento padrão total) que foram obtidos do tanque de peixes. Para ajudar na sua adaptação ambiental, os peixes foram transferidos de tanques de terra para tanques de betão e deixados a aclimatar-se durante uma semana. Três réplicas de cada um dos quatro tanques experimentais foram atribuídas aos 120 peixes que foram pesados individualmente no início da experiência (ver quadro 3). No final da experiência, o peso médio final (PMF), o ganho de peso médio (GPM), a taxa de crescimento específico (TCE), a taxa de conversão alimentar (TCA) e o comprimento médio (CM) dos restantes peixes de cada tratamento foram determinados através de pesagem individual.

Figura 4: Peixe experimental

QUADRO 3: PROJECTO EXPERIMENTAL

REPLICAR	TI (0%)	T2 (GP20%)	T3 (GP25%)	T4 (GP28%)

R1	10	10	10	10
R2	10	10	10	10
R3	10	10	10	10

2.3 Conceção experimental

Foram escolhidos quatro tratamentos para o ensaio utilizando um projeto completamente aleatório (CRD; ver **quadro 3**). Três hapas, numerados 1, 2, 3 e separados por 15 cm, foram abastecidos com *Oreochromis andersonii* num viveiro de 2 metros por 1 metro de largura e de comprimento cada um, o que corresponde a um tanque com uma superfície de 2 metros. T1, T2, T3 e T4 foram os nomes dos quatro tratamentos porque cada um continha apenas três hapas. Como controlo, o tratamento T1 recebeu ração formulada; o tratamento T2 recebeu ervilhas verdes numa concentração de 20%; o tratamento T3 recebeu ervilhas verdes numa concentração de 25%; e o tratamento T4 recebeu uma concentração de 28% de ervilhas verdes.

Figura 5: Peixe experimental

2.4 Aplicação do tratamento

Os quatro tratamentos foram os seguintes: a primeira colheita foi tratada com um formulado (T1), que serviu de controlo; a segunda colheita foi tratada com ervilhas verdes a 20% (T2); a terceira colheita foi tratada com ervilhas verdes a 25%; e a quarta colheita foi tratada com ervilhas verdes a 28%. As dietas experimentais foram aplicadas após uma semana de aclimatação, de acordo com a distribuição aleatória dos tratamentos nas hapas. Os números foram escritos em pequenos pedaços de papel que foram numerados de 1 a 12, representando o número de hapas. Os papéis foram misturados e baralhados e as colheitas foram efectuadas sem substituição. A quinta colheita consistiu em aplicar novamente o controlo (T1); a sexta, a sétima e a oitava colheita consistiram em aplicar os tratamentos de ervilha verde a 20%, 25% e 28%, respetivamente. Este processo foi efectuado até ao fim da décima segunda colheita. Os peixes foram alimentados com ração comercial durante uma semana após a sua chegada para os ajudar a aclimatarem-se. Após um dia de fome, para os ajudar a esvaziar o estômago, preparar o trato gastrointestinal para as novas refeições e aumentar a sua fome, os peixes receberam as dietas experimentais. Durante seis semanas, a taxa de alimentação diária foi mantida a 5% do peso corporal e fornecida três vezes por dia às 10:00, 14:00 e 16:00 horas. Durante toda a experiência com os peixes, a água foi trocada e os hapas foram limpos uma vez por semana. Pelo menos 30% dos peixes juvenis em cada hapa foram amostrados, e os peixes foram pesados, medidos e registados no início da experiência, de duas em duas semanas e no final da experiência.

2.5 Cálculos dos parâmetros

No final do período de cultivo, o peso final (g), o comprimento final (cm), o rácio de conversão alimentar (FCR) e a taxa de crescimento específico (SGR) dos peixes foram registados para cada tratamento. Os seguintes parâmetros de crescimento foram estimados para cada tratamento utilizando as seguintes fórmulas

Taxa de crescimento específica

$((\log W2-\log W1)/\ t)\ *100 = \%SGR$ de peixes seleccionados aleatoriamente dos hapas.

Rácio de conversão alimentar (FCR)

FCR= *Ração fornecida (g) / ganho de peso (g)*

Aumento do peso corporal

Os peixes foram colocados num pequeno prato com água e colocados numa balança de cozinha para serem pesados e devolvidos aos seus respectivos hapas.

Ganho de peso médio em percentagem (MWG)

*(Peso corporal final - peso corporal inicial)/ (número de dias) *100= % de MWG*

Comprimento do corpo

O comprimento do corpo foi medido como a distância entre a extremidade caudal e a rostral (boca), utilizando uma régua de medição linear de 30 cm.

Comprimento médio= *(comprimento final - comprimento inicial)/ dias de cultura*

2.6 Recolha de dados

Os dados foram recolhidos de duas em duas semanas. A taxa de crescimento específico, o rácio de conversão alimentar, o comprimento corporal e o ganho de peso corporal total (g) foram utilizados como parâmetros indicadores do desempenho dos diferentes tratamentos.

2.7 Análise de dados

As diferenças significativas entre os tratamentos foram analisadas utilizando o software Minitab versão 17. Foi efectuada uma análise de variância (ANOVA) unidirecional com um nível de confiança de 95% para testar as diferenças no IW, FMW, SGR, FCR e comprimento médio entre os peixes alimentados com as dietas dos quatro tratamentos. Para além disso, foi utilizada a comparação de

Tukey Pairwise para comparar os valores médios e verificar se existiam diferenças significativas entre as médias dos tratamentos.

3.0 RESULTADOS

Nesta experiência, todas as dietas experimentais foram aceites pelos peixes, mas os peixes preferiram a dieta de controlo, a dieta de ensaio 2 e a dieta de ensaio 3 à dieta de ensaio 4. Quando foram descobertas indicações e sintomas patológicos em alguns peixes de todos os tratamentos durante o período experimental na terceira semana, os peixes foram tratados separadamente com sal grosso e tornaram-se extremamente activos numa questão de dois dias. Isto pode ter sido devido ao stress encontrado durante a amostragem dos peixes. A temperatura média, o teor de oxigénio dissolvido e o pH da água estavam todos dentro dos parâmetros ideais para *O. andersonii*, tornando o ambiente de crescimento do peixe favorável durante a duração da experiência.

O quadro 6 apresenta os parâmetros relativos ao rácio de conversão alimentar e ao desempenho em termos de crescimento. Os resultados demonstraram que, após seis semanas de alimentação, não se registaram diferenças significativas no desempenho do crescimento e no rácio de conversão alimentar de *O. andersonii. O. andersonii* alimentado com dietas de ervilhas verdes (0% e 20%) apresentou o maior ganho de peso, taxa de crescimento específico, ganho de comprimento e taxa de conversão alimentar. Os peixes alimentados com dietas de ervilhas verdes a 28% tiveram o menor desempenho de crescimento e FCR quando comparados com os peixes alimentados com dietas de ervilhas verdes (0%, 20% e 25%, embora as diferenças não tenham sido estatisticamente significativas ($p > 0,05$). Os peixes alimentados com dietas à base de farinha de ervilhas verdes a 28% tiveram um crescimento mais lento, o que pode ser atribuído à fraca palatabilidade da dieta, uma vez que *o O. andersonii* tende a ignorar os pellets oferecidos durante a alimentação, o que levou a um declínio no consumo de ração, bem como a uma baixa FCR. No entanto, as dietas que continham níveis baixos de ervilhas verdes (20% e 25%) foram prontamente aceites pelo *O. andersonii*. **A Figura 2** ilustra o maior peso final (26,56 g) dos juvenis que receberam uma dieta à base de farinha de ervilhas verdes a 20%, em comparação com os que foram alimentados com 25% e 28% de farinha de ervilhas verdes, com pesos finais correspondentes de 24,44 g e 23,11 g. Os peixes que foram alimentados com uma dieta constituída por 28% (23,11g) de farinha de ervilhas verdes tiveram o valor mais baixo. No entanto, não houve diferença significativa no peso final dos juvenis entre o tratamento com farinha de ervilha verde e os outros tratamentos ($p>0,05$). Os peixes que receberam 20% de ervilha verde foram os que ganharam mais peso (24,04g), com ganhos de peso de 23,52, 21,93 e 20,89g para os tratamentos 0, 25 e 28%, por esta ordem. Os peixes com o menor crescimento de peso (20,89g) foram alimentados com uma dieta que continha 28% de ervilhas verdes (ver **figura 3**). No entanto, não houve diferença significativa no ganho de peso dos juvenis entre os tratamentos ($p>0,05$) quando foram alimentados com uma dieta à base de ervilhas verdes.

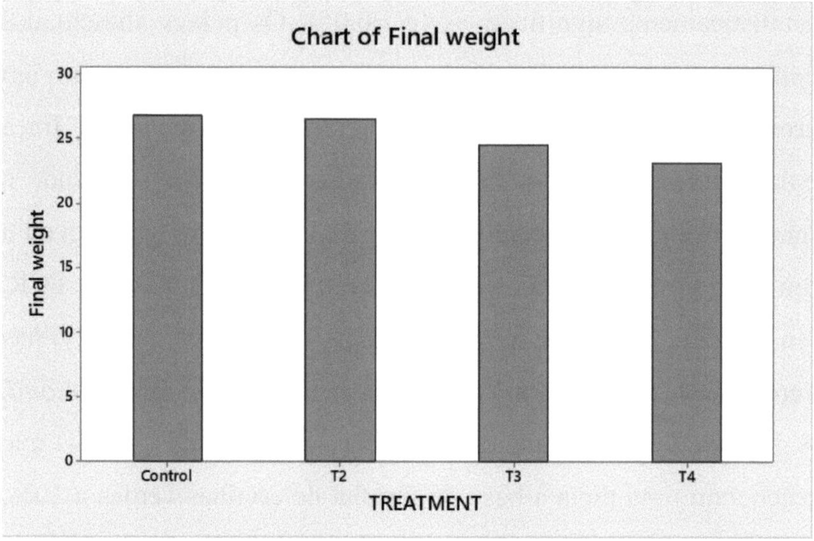

Figura 6: Peso final Vs Tratamento

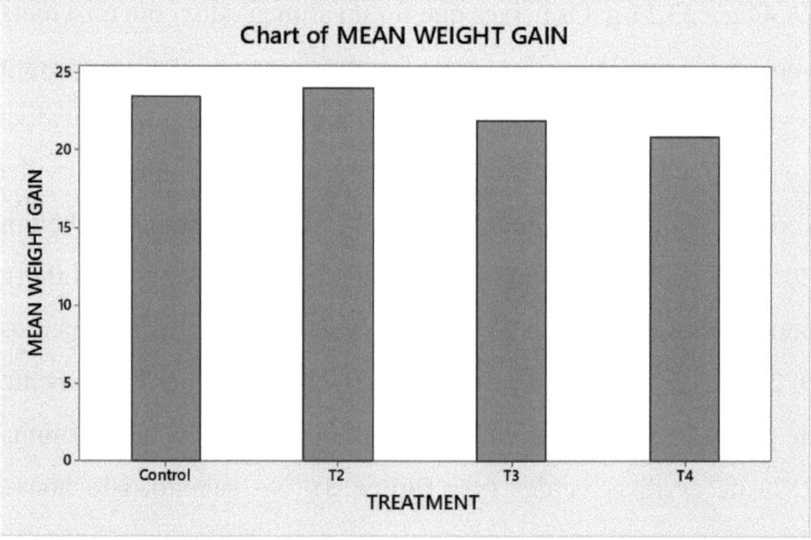

Figura 7: Ganho de peso Vs. tratamento

De acordo com os dados da **tabela 4** e da **figura 4** abaixo, 20% de farinha de ervilhas verdes teve o maior peso na primeira semana e continuou a fazê-lo até à quarta semana, enquanto 0% de ervilhas verdes continuou a registar o maior peso até à última semana da experiência. No entanto, os dados abaixo fornecem apoio suficiente para a hipótese de que os tratamentos dos peixes não alteraram significativamente ($p>0,05$) os seus pesos durante o curso da experiência.

Tabela 4: Variação do peso (g) dos peixes ao longo do tempo

Tratamento	SEMANA1	SEMANA2	SEMANA4	SEMANA6
GP0	16.11	20.44	23.33	26.78
GP20	17.33	21.44	24.13	26.56
GP25	16.78	19.78	21.56	24.44
GP28	16.56	19.33	20.22	23.11

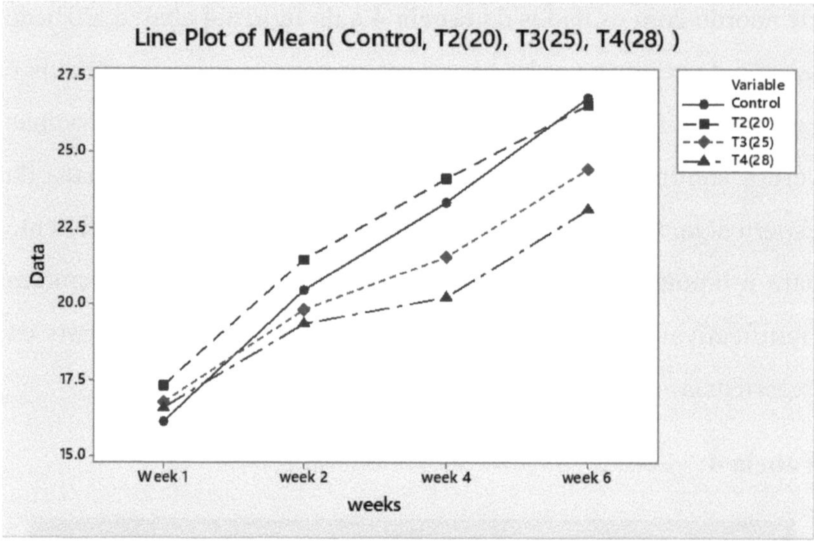

Figura 8: (Variação do peso do peixe com o tempo)

Os peixes alimentados com uma dieta de 0% de ervilhas verdes tiveram o maior comprimento padrão final (9,37 cm), com medidas para dietas de 20% e 25%, respetivamente, medindo 9,26 cm e 9,15 cm a mais. A **figura 5** mostra que o peixe alimentado com uma dieta contendo 28% de ervilhas verdes teve o menor comprimento padrão final (8,94 cm). Quando o juvenil foi alimentado com uma dieta à base de ervilhas verdes, o comprimento padrão final não diferiu substancialmente ($p>0,05$) entre os tratamentos. O peixe mais comprido (8,877cm) foi alimentado com 0% de ervilhas verdes, e os próximos peixes mais compridos (8,843, 8,800, e 8,647cm) foram alimentados com tratamentos de 20%, 25%, e 28%. Os peixes com o menor crescimento em comprimento (8,647cm) foram alimentados com uma dieta que continha 28% de ervilhas verdes. No entanto, não houve diferença significativa no ganho de comprimento dos juvenis entre os tratamentos (p>0,05) quando foram alimentados com uma dieta à base de ervilhas verdes. A variação média do comprimento do corpo dos peixes indica que havia fortes evidências de que as diferenças não eram estatisticamente significativas (p>0,05). As percentagens dos tratamentos são 0%, 20%, 25% e 28%, correspondendo a alterações de comprimento de 9,37, 9,26, 9,15 e 8,89. O tratamento GP0% apresentou a maior alteração, seguido do GP20, GP25 e GP28, por esta ordem (ver **tabela 5** e **Figura 6**).

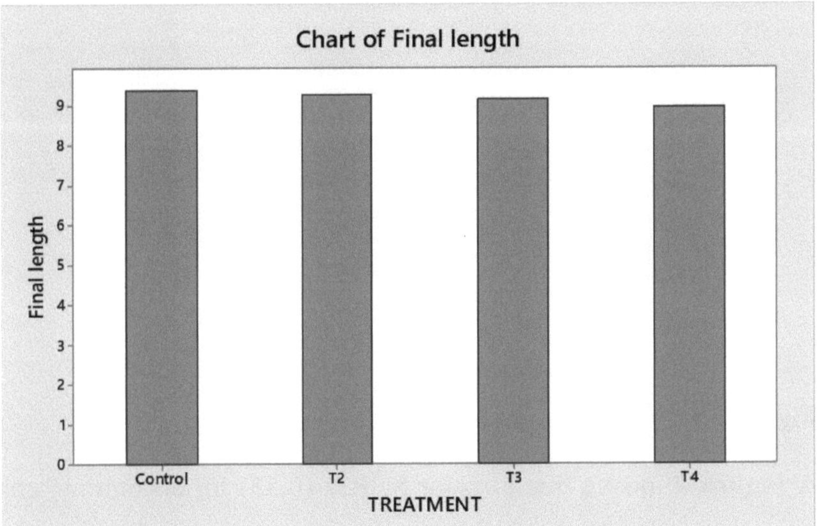

Figura 9: Comprimento final em função dos tratamentos

Quadro 5: Alteração do comprimento dos peixes ao longo do tempo

Tratamento	SEMANA 1	SEMANA2	SEMANA4	SEMANA6
GP0	8.02	8.37	8.89	9.37

GP20	8.30	8.50	8.77	9.26
GP25	8.39	8.52	8.73	9.15
GP28	8.28	8.37	8.63	8.94

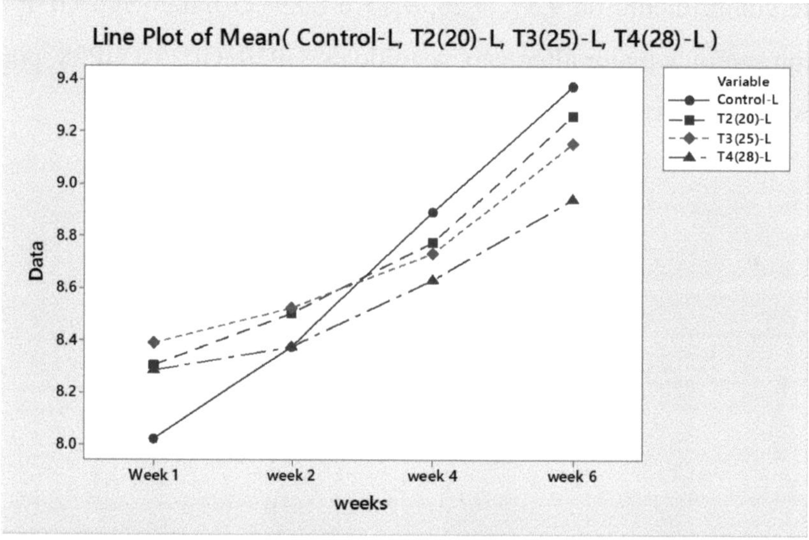

Figura 10: (Variação do comprimento do peixe com o tempo).

A Figura 7 mostra que a maior SGR% (0,55) foi encontrada em peixes alimentados com 0% de ervilhas verdes, com dietas de 20%, 25% e 28% tendo SGR%s de 0,48, 0,44 e 0,34, nesta ordem. Os peixes alimentados com uma dieta composta por 28% de ervilhas verdes tiveram o SGR% mais baixo (0,34). Não houve diferença significativa (p>0,05) na taxa de crescimento específico dos juvenis que receberam a dieta à base de ervilhas verdes entre os tratamentos. A **Figura 8** mostra que a maior TCA (1,02) foi observada nos peixes alimentados com 0% de ervilhas verdes, com 20%, 25% e 28% a seguir com TCAs de 1,06, 1,12 e 1,53, respetivamente. À medida que a quantidade de farinha de ervilha verde na dieta aumentou, também aumentou a taxa de conversão alimentar. Não houve diferença significativa (p>0,05) no rácio de conversão alimentar dos juvenis que receberam a dieta à base de ervilhas verdes entre os tratamentos. *O* desempenho do crescimento e a FCR de *O. andersonii* a quem foram oferecidas dietas com diferentes níveis de ervilhas verdes após 6 semanas de alimentação estão resumidos no **Quadro 6**.

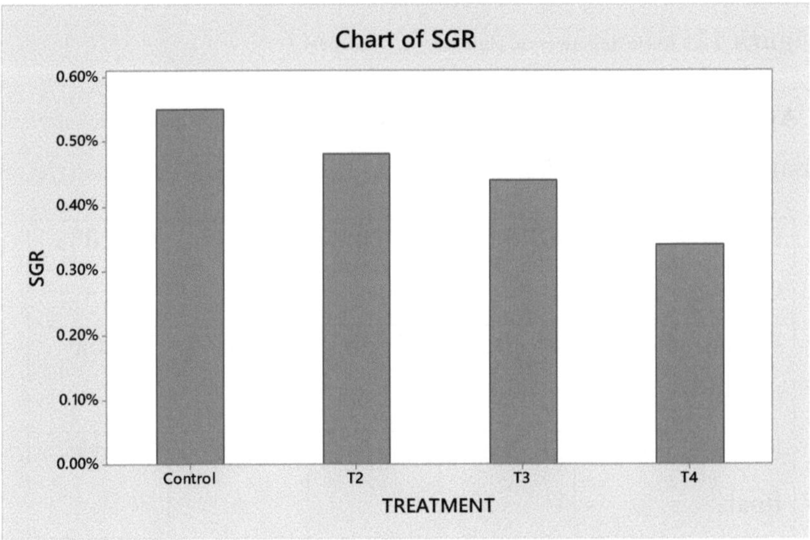

Figura 11: Taxa de crescimento específico em função do tratamento

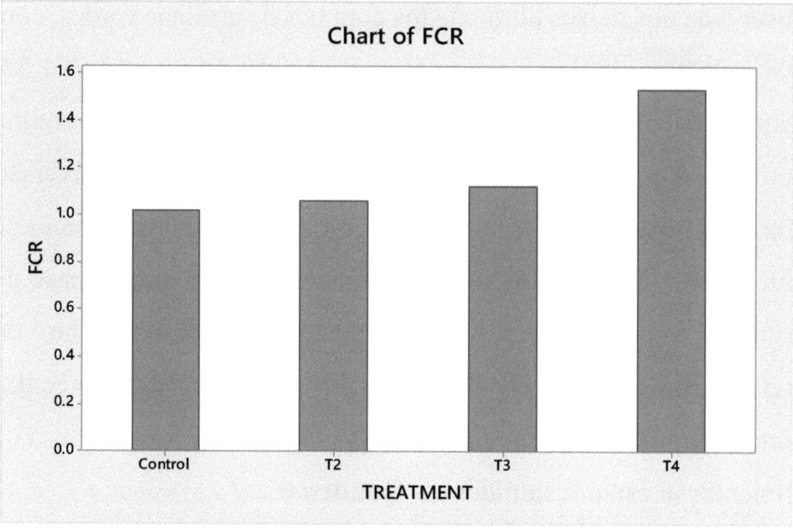

Figura 12: Rácio de conversão alimentar vs. Tratamento

TABELA 6: Crescimento e FCR de *O. andersonii* após 6 semanas de alimentação

PARÂMETROS	GP0%	GP20%	GP25%	GP28%
Peso médio inicial	16.11a	17.33a	16.78a	16.56a
Peso médio final	26.78a	26.56a	24.44a	23.11a
Ganho de peso (g)	23.52a	24.04a	21.93a	20.89a
Comprimento médio inicial	8.02a	8.30a	8.39a	8.28a

Comprimento médio final	9.37a	9.26a	9.15a	8.94a
SGR%	0.0058a	0.0051a	0.0043a	0.0036a
FCR	2.150a	1.907a	1.697a	2.963a

*Médias de três amostras replicadas. Os valores na mesma linha com subscritos diferentes não são significativamente diferentes ($p>0,05$).

4.0 DISCUSSÃO

As espécies de tilápia (*Oreochromis andersonii*) são peixes herbívoros/omnívoros que comem tanto matéria vegetal como animal. Entre os ingredientes de origem animal, as tilápias têm grande preferência pela farinha de peixe, porque esta satisfaz de forma óptima as suas necessidades nutricionais. A farinha de peixe tem uma alta quantidade e qualidade de proteínas, um bom perfil de aminoácidos e uma alta digestibilidade e palatabilidade; razões pelas quais as rações para peixes geralmente contêm uma alta concentração de farinha de peixe. No entanto, o atual aumento dos preços da farinha de peixe obrigou os nutricionistas a procurar dietas à base de plantas mais baratas como alternativas à dieta à base de farinha de peixe para espécies de baixo valor como a tilápia. A farinha de ervilhas verdes, um potencial substituto da farinha de peixe, é uma fonte rica em proteínas (23-25%), aminoácidos essenciais, hidratos de carbono complexos e minerais como o ferro, o cálcio e o potássio. As ervilhas verdes são ricas em vitamina A, vitamina C, vitaminas B e luteína. As ervilhas têm quantidades elevadas de lisina, o que pode ajudar a suplementar o aminoácido que falta noutras alternativas de ingredientes. Uma vez que as ervilhas têm um teor proteico mais baixo (23-25%) do que a farinha de peixe (65-70%), a sua utilização em dietas para peixes deve ser equilibrada com outras fontes proteicas, particularmente para peixes que requerem níveis elevados de proteína na sua dieta.

Nesta experiência, os resultados indicam que as ervilhas verdes podem substituir a farinha de peixe ao nível de 20% e 25% em dietas para *Oreochromis andersonii* sem efeitos adversos no desempenho do crescimento e na taxa de conversão alimentar. Os resultados observados neste estudo coincidem com os resultados relatados por Bautista-Teruel et al (2003) após a alimentação de camarão juvenil com uma dieta de 40% de proteína bruta alimentada com ervilha forrageira. Khan et al (2013) também relataram que não houve diferenças significativas ($p>0,05$) entre os tratamentos, com exceção do peso final dos peixes alimentados com uma dieta de Farinha de Peixe (25%), que tinha maiores inclusões de proteína vegetal (polimento de arroz e bagaço de óleo de mostarda) dada a O. niloticus. Khan foi mais longe e concluiu que o desempenho do crescimento tendia a diminuir com o aumento do nível de inclusão de polimento de arroz, o que é idêntico aos resultados deste estudo. Outros autores também relataram que não foram detectadas diferenças significativas no ganho de peso final, no ganho de peso e na taxa de crescimento específico de juvenis de tilápia do Nilo alimentados com 25% e 50% de inclusão de farinha de soja em comparação com a dieta de controlo. Não foram observadas diferenças entre o presente estudo e os acima referidos devido ao facto de tanto o presente estudo como os anteriores terem utilizado ingredientes vegetais constituídos principalmente por fontes de proteínas.

O presente estudo contradiz as conclusões de Naret (2013), que referiu que foi observada uma diferença significativa nos resultados do desempenho do crescimento e da TCA após a alimentação do robalo asiático com 40% de proteína bruta num ensaio de 12 semanas com ervilhas verdes. Jatta (2022) referiu que, nos parâmetros de desempenho do crescimento e de eficiência alimentar, se verificaram diferenças significativas entre a dieta de controlo e a dieta testada no que se refere ao peso médio final, ao ganho de peso médio, à taxa de crescimento relativo e à taxa de crescimento específico. Verificou-se uma diferença significativa entre as duas dietas no que diz respeito ao rácio de conversão alimentar (FCR), mas não ao rácio de eficiência proteica (PER), quando a dieta à base de plantas é utilizada em *O. niloticus*. As diferenças observadas no presente estudo e as mencionadas anteriormente podem ser atribuídas à composição dos ingredientes das dietas experimentais. Os estudos anteriores utilizaram ingredientes vegetais constituídos por menos fontes de proteínas; uma condição que não foi replicada no presente estudo. Além disso, o presente estudo utilizou suplementos de metionina e lisina e fosfato dicálcico devido à quantidade relativamente baixa de aminoácidos sulfurados (ou seja, metionina e cisteína) no pó de ervilha, o que pode limitar a utilização desta fonte de proteínas vegetais nas experiências, ao passo que os estudos anteriores não o fizeram.

Os resultados do SGR neste estudo foram inferiores aos relatados por Munoz-Penuela (2021) para *O. niloticus* que recebeu farinha de grão-de-bico. Os SGR comunicados por outros autores foram mais elevados do que os deste estudo do que os do presente estudo. Isto pode ser explicado por factores como a diminuição da palatabilidade devido à presença de factores anti-nutricionais que podem não ser completamente extraídos das ervilhas verdes durante o processo de extrusão no presente estudo. Além disso, isto também pode ter sido atribuído ao desequilíbrio nutricional do conteúdo de aminoácidos nas dietas, porque a fórmula para a formulação da ração foi gerada utilizando o software win feed com a análise de cada ingrediente do livro e não do laboratório, onde poderíamos detetar factores reais como metais pesados, toxinas e nutrientes encontrados nos ingredientes.

O FCR neste estudo foi maior do que os relatados por Davies e Gouveia (2010) em carpa comum alimentada com farinha de sementes de ervilha. Os presentes estudos concordam com outros autores que relataram que a taxa de conversão alimentar aumentou com o aumento dos níveis de farinha de soja na dieta de *O. niloticus*. Khan et al (2013) também concluíram que o rácio de conversão alimentar (FCR) não foi significativamente diferente ($p > 0,05$) entre as dietas, o que é idêntico ao estudo, o FCR não foi significativamente diferente ($p > 0,05$) entre as dietas.

A farinha de ervilhas verdes pode substituir a farinha de peixe sem qualquer efeito negativo no desempenho do crescimento das espécies aquáticas, desde que os factores anti-nutricionais tenham sido completamente removidos. Borlongan et al (2003) confirmaram que a farinha de ervilha verde é um elemento alimentar que pode substituir até 20% do total de proteínas alimentares em dietas para peixes. Naret (2013) referiu que a ervilha verde pode substituir a farinha de peixe ao nível de 10% em dietas para robalo sem efeitos adversos no crescimento, na utilização dos alimentos ou na composição corporal. Por conseguinte, a farinha de ervilhas verdes é rentável ou economicamente viável para utilização em vez da dieta à base de farinha de peixe parcialmente na cultura de tilápia (*Oreochromis andersonii*).

5.0 CONCLUSÃO

De acordo com os valores obtidos nos parâmetros de crescimento, podemos concluir que a inclusão de ervilhas verdes não gerou efeito prejudicial sobre o crescimento de *O. andersonii*. Este estudo é o primeiro a estabelecer que a farinha de ervilha verde é uma alternativa adequada para a alimentação de *O. andersonii*. Os resultados do presente estudo indicam que entre os diferentes níveis dietéticos de ervilha verde avaliados, o nível de 20% e 25% de inclusão dietética mostra o melhor potencial para substituir a farinha de peixe em dietas para *O. andersonii*; assim, pode-se concluir que dietas com até 20% e 25% de inclusão de farinha de ervilha verde não produziram efeitos negativos sobre o desempenho de crescimento de O. *andersonii*. O resultado deste trabalho permite-nos concluir que podemos substituir a farinha de peixe ao nível de 20% e 25% em dietas para *O. andersonii* sem efeitos adversos no desempenho de crescimento e FCR e isso também pode contribuir para reduzir o custo da alimentação dos peixes para sustentar a indústria da aquicultura na Zâmbia. No entanto, é necessária mais investigação para avaliar diferentes níveis de proteínas brutas utilizando ervilhas verdes e o efeito das ervilhas verdes na pressão sanguínea dos peixes e na excreção de fósforo.

6.0 RECOMENDAÇÃO

A fórmula gerada para a formulação da ração foi gerada utilizando o software win feed com a análise de cada ingrediente para o valor contabilizado, o que não foi exato, pelo que se recomenda a utilização da análise de cada ingrediente do laboratório.

Durante a experiência, foi muito difícil avaliar se o ambiente era propício para os peixes devido à falta de um verificador de água, pelo que se recomenda a utilização do verificador de água para medir os parâmetros da água, tais como oxigénio dissolvido, PH, temperatura e turbidez, etc.

De um modo geral, recomenda-se vivamente que a experiência seja realizada com materiais de laboratório bem equipados, para que os resultados sejam exactos, uma vez que serão tidos em conta outros factores, como a pressão sanguínea dos peixes, a excreção de fósforo, etc.

Devem ser efectuados mais estudos sobre os diferentes níveis de proteínas brutas utilizando ervilhas verdes, a fim de se encontrar o melhor e mais perfeito nível de proteínas brutas contendo ervilhas verdes.

7.0 REFERÊNCIAS

Uma bibliografia selecionada sobre a tilápia (Pisces, cichlidae): Uma lista de documentos disponíveis na biblioteca do World Fish Center. (2003). World Fish.

Aliani, M., e Eskin, M. N. (2017). Amargor: Perceção, química e processamento de alimentos. John Wiley & Sons.

Beveridge, M., & MacAndrew, B. (2012). Tilápias: Biology and exploitation. Springer Science & Business Media.

Bautista-Teruel, M. N., Eusebio, P. S., & Welsh, T. P. (2003). Utilização da farinha de ervilha forrageira, Pisum sativum, como fonte de proteína em dietas práticas para juvenis de camarão-tigre, Penaeus monodon.

Erondu, E. S., & Akpoilih, B. U. (2020). Efeito de diferentes fontes de lipídios na dieta sobre o desempenho do crescimento e a utilização de nutrientes de + alevinos de tilápia do Nilo (Oreochromis niloticus). Journal of Fisheries Research, 4(1). https://doi.org/10.35841/fisheries-research.4.1.22-30.

Duhan, Neelam Khetarpaul, Saroj Bis, A. (2001). Teor de saponina e atividade inibidora da tripsina em cultivares de feijão bóer processado e cozinhado. International Journal of Food Sciences and Nutrition, 52(1), 53-59. https://doi.org/10.1080/09637480020027200.

El-Sayed, A. M. (2020). Nutrição e alimentação. Tilapia Culture, 135-172.https://doi.org/10.1016/b978-0-12-816509-6.00007-0.

Efeitos da substituição parcial da farinha de peixe por farelo de soja na dieta da tilápia do Nilo (Oreochromis niloticus). (2020). abril, 30(2). https://doi.org/10.36899/japs.2020.2.0058.

Erlinda S, Ganzon-Naret (2013). A utilização de ervilhas verdes (Pisum Sativum) como fonte de proteína alternativa à farinha de peixe em dietas para o robalo asiático, Late Calcarifer. AACL Bioflux, 2013, Volume 6, número 4, http://www. Bioflux. Com. Vol aacl.

Genschick, S., Kaminski, A., Kefi, A., & Cole, S. (2017). Aquacultura na Zâmbia: Uma visão geral e avaliação da capacidade de resposta do sector às necessidades dos pobres. World Fish e Departamento de Pescas, Zâmbia.

Gabius, H., & Gabius, S. (2012). Lectins and Glycobiology, Springer Science & Business Media.

George Collings (2014): Os produtos de ervilha oferecem boa nutrição, atributos funcionais em alimentos para animais aquáticos, defensor do marisco responsável. Edição impressa do Global Aquaculture Advocate.

Jatta, S., Fall, J., Diouf, M., Ndour, P. M., & Fall, S. K. (2022). Undefined. Journal of Biology and Life Science, 13(2), 29. https://doi.org/10.5296/jbls.v13i2.19759

Khan, M.S.K, Siddique, M.A, M, Zamal, H (2013). Substituição da farinha de peixe por fontes de proteína vegetal na dieta da Tilápia do Nilo (Oreochromis niloticus): desempenho e utilização do crescimento. Revista iraniana de ciências da pesca.

K., L. T. (2012). Plantas medicinais e não medicinais comestíveis: Volume 2, frutos. Springer Science & Business Media.

Kolb-Bachofen, V., & Egenhofer, C. (1993). Complexos neoglicoproteína-ouro como ferramenta no estudo de proteínas de ligação específicas de hidratos de carbono. Lectins and Glycobiology, 234-240.https://doi.org/10.1007/978-3-642-77944-2_24.

Katherine B. (2008). Replacement of fish meal by Alternative Protein Sources in Diets for Juvenile Black Sea Bass, Department of Biology and Marine Biology University of North Carolina Wilmington.

Marcela Munoz-Penuela; Manuel Garcia-ulloa, Sergio Medina-Godoy, Hervey Rodriquez-Gonzalez (2021). Farinha de grão-de-bico como substituição parcial da farinha de peixe na dieta de juvenis de tilápia do Nilo (Oreochromis niloticus). Revista internacional de ciências aquáticas ISSN: 2008-8019, Vol 12, Issue 02, 2021.

Macho de Chrysopa septempunctatacapturado em armadilha com feromonas, Shengyang, China (Zhang et al., 2006a; Zhang et al., 2006b). (n.d.). https://doi.org/10.7717/peerj.1564/fig-1.

Maxted, N., & Bennett, S. J. (2013). Recursos fitogenéticos de leguminosas no Mediterrâneo. Springer Science & Business Media.

N. Almad, P. Jamal A. Siddiqui, K.M. Khan, A. ali, M. Tahir, N.U. Akbar, M. amin, M. Attaullah e I.D. boneri (2020); Efeito da substituição parcial da farinha de peixe por farinha de soja na dieta da tilápia do Nilo (Oreochromis niloticus). O jornal de ciências animais e vegetais, 30(2): 2020, page:364-370 ISSN:1018-7081. https://doi.org/10.36899/JAPS.2020.2.0058.

Ojo, M. A. (2022). Taninos em alimentos: Implicações nutricionais e efeitos de processamento de técnicas hidrotérmicas em sementes de leguminosas difíceis de cozinhar subutilizadas - uma revisão. Nutrição Preventiva e Ciência Alimentar, 27(1), 14-19. https://doi.org/10.3746/pnf.2022.27.1.14.

Prabu, E., Felix, N., Ahilan, B., Antony, C., & Uma, A. (2019). Efeitos da suplementação dietética de DL-metionina no crescimento e no perfil de aminoácidos do corpo inteiro de tilápias cultivadas geneticamente melhoradas. Journal of Coastal Research, 86(sp1), 90. https://doi.org/10.2112/si86-013.1

Priyadarshini, N., Murthy, H. S., Zelaty, A. H., & Swain, H. (2018). Efeito da suplementação dietética de metionina no crescimento, sobrevivência e resposta imune da carpa indiana principal, Labeo rohita. Jornal Internacional de Microbiologia

Atual e Ciências Aplicadas, 7(2), 2202-2209. https://doi.org/10.20546/ijcmas.2018.702.265

Porto, N. G., Ribeiro, F. B., Siqueira, J. C., Bomfim, M. A., Marchão, R. S., & Costa, D. D. (2020). Exigências de metionina mais cisteína para mantença e eficiência de utilização com tambaqui de diferentes pesos corporais. Ciência e Agrotecnologia, 44. https://doi.org/10.1590/1413-7054202044014920.

Peiretti, P. G. (2020). Digestibilidade in vitro em estudos de nutrição animal. MDPI.

S.J. Davies, A. Gouveia 2010. Resposta de alevins de carpa comum alimentados com dietas contendo farinha de sementes de ervilha (Pisum Sativum) submetidas a diferentes métodos de processamento térmico. Com/Locate/aqua-online. Aquacultura 305 (20/01/117-123).

Salanta, L. C. (2020). Os benefícios dos alimentos para a saúde: Conhecimento atual e desenvolvimento futuro. BoD - Books on Demand.

Siddiq, M., E Uebersax, M. A. (2022). Produção, transformação e nutrição de feijões secos e leguminosas. John Wiley AND Sons.

Vasta, G. R., & Ahmed, H. (2008). Lectinas animais: A functional view.CRC Press.

Yahia, E. M. (2017). Fitoquímica de frutas e vegetais: Química e saúde humana, 2 volumes. John Lopez-Moreno, M., Garcés-Rimón, M., & Miguel, M. (2022). Nutrientes formigas: Lectinas, goitrogénios, fitatos e oxalatos, amigos ou inimigos? Journal of Functional Foods, 89, 104938. https://doi.org/10.1016/j.jff.2022.104938.

8.0 APÊNDICE

Apêndice 1: **ANOVA unidirecional: GANHO DE PESO VS TRATAMENTO**

Método

Hipótese nula Todas as médias são iguais
Hipótese alternativa Pelo menos uma média é diferente
Nível de significância α = 0,05

Para a análise, foram assumidas variâncias iguais.

Informações sobre o fator

Níveis dos factores Valores
Fator 4 Controlo, T2, T3, T4

Análise de variância

Fonte DF Adj SS Adj MS F-Valor P-Valor
Fator 3 18,94 6,312 0,97 0,454
Erro 8 52,14 6,517
Total 11 71,08

Apêndice 2: **ANOVA unidirecional: FCR VS TRATAMENTO**

Método

Hipótese nula Todas as médias são iguais
Hipótese alternativa Pelo menos uma média é diferente
Nível de significância α = 0,05

Para a análise, foram assumidas variâncias iguais.

Informações sobre o fator

Níveis dos factores Valores
Fator 4 Controlo FCR, T2 FCR, T3 FCR, T4 FCR

Análise de variância

Fonte DF Adj SS Adj MS F-Valor P-Valor
Fator 3 2,768 0,9228 0,97 0,452
Erro 8 7,597 0,9496

Total 11 10.366

Apêndice 3: **ANOVA unidirecional: RGE de controlo, RGE T2, RGE T3, RGE T4**

Método

Hipótese nula Todas as médias são iguais
Hipótese alternativa Pelo menos uma média é diferente
Nível de significância α = 0,05

Para a análise, foram assumidas variâncias iguais.

Informações sobre o fator

Níveis dos factores Valores
Fator 4 RGE Controlo, RGE T2, RGE T3, RGE T4

Análise de variância

Fonte DF Adj SS Adj MS F-Valor P-Valor
Fator 3 0,000008 0,000003 1,67 0,249
Erro 8 0,000013 0,000002
Total 11 0,000021

Apêndice 4: **One-way ANOVA: Controlo-L, T2 (20)-L, T3 (25)-L, T4 (28)-L**

Método

Hipótese nula Todas as médias são iguais
Hipótese alternativa Pelo menos uma média é diferente
Nível de significância α = 0,05

Para a análise, foram assumidas variâncias iguais.

Informações sobre o fator

Níveis dos factores Valores
Fator 4 Controlo-L, T2(20)-L, T3(25)-L, T4(28)-L

Análise de variância

Fonte DF Adj SS Adj MS F-Valor P-Valor
Fator 3 0,09297 0,03099 0,21 0,885
Erro 8 1,16580 0,14573
Total 11 1,25877

Preparação dos tanques experimentais

Calagem dos lagos experimentais

Definição de Hapas

A formulação dos alimentos para animais

Ervilhas verdes secas

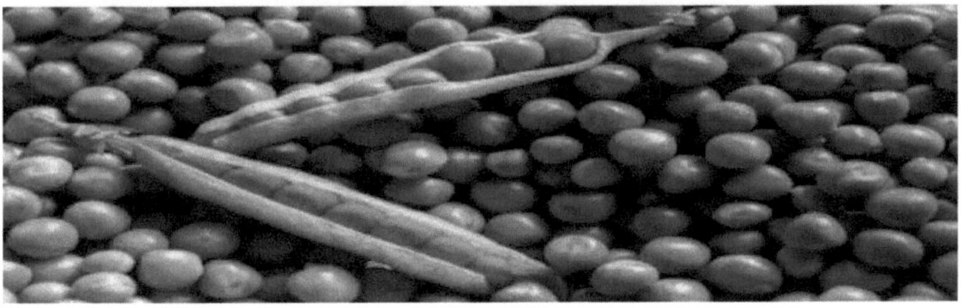

Ervilhas verdes

MIX
Papier aus verantwortungsvollen Quellen
Paper from responsible sources
FSC® C105338

Printed by Books on Demand GmbH, Norderstedt / Germany